AF324452

LA

QUESTION DU SEL

CONSIDÉRÉE SOUS LE POINT DE VUE

DE L'INDUSTRIE AGRICOLE ET DE L'IMPOT;

RAPPORT

FAIT A LA SOCIÉTÉ CENTRALE D'AGRICULTURE DE NANCY,

Par C.-J. FAWTIER,

FERMIER, ÉLÈVE DE ROVILLE;

ET PRÉSENTÉ AU CONSEIL GÉNÉRAL DE LA MEURTHE,

Dans sa Session de 1844.

> Le sel abonde sous leurs pieds, mais l'impôt pèse sur leurs têtes.
> (Ad. Blanqui. *Hist. de l'Économie polit. Introduction.*)

NANCY,

GRIMBLOT, RAYBOIS ET Cⁱᵉ, IMPRIMEURS-LIBRAIRES,

PLACE STANISLAS, 7, ET RUE SAINT-DIZIER, 125.

1844.

LA

QUESTION DU SEL

CONSIDÉRÉE SOUS LE POINT DE VUE

DE L'INDUSTRIE AGRICOLE ET DE L'IMPOT ;

RAPPORT

Fait à la Société centrale d'Agriculture de Nancy, et présenté
au Conseil général de la Meurthe, dans sa Session de 1844.

> Le sel abonde sous leurs pieds, mais
> l'impôt pèse sur leurs têtes.
> (*Ad. Blanqui. Histoire de l'Econo-*
> *mie politiq. Introduction.*)

J'ai été invité par vous, Messieurs, à rédiger un rapport sur la question du sel, dont vous vous êtes occupés dans une de vos dernières conférences; je viens aujourd'hui m'acquitter de ma tâche.

La question du sel est une des plus intéressantes pour la classe agricole, sous le point de vue de l'impôt qui grève cette denrée, et sous le rapport des nombreux avantages que les cultivateurs pourraient trouver dans son emploi soit pour l'entretien et l'engraissement des bestiaux, soit pour l'amélioration des fourrages, soit enfin pour l'amendement de certains sols et de certaines récoltes.

Le sel est une des substances que la nature nous offre avec le plus de prodigalité. Les eaux des mers et d'un grand nombre de sources en sont saturées, et il est peu de contrées où cette substance ne se trouve à l'état de roche, dans les premières couches du sol.

Sous ce rapport, la France a été remarquablement favorisée par la Providence. Baignée par deux mers, elle présente plus de 100 lieues de côtes sur la Méditerranée et près de 350 lieues sur l'Océan. Sur un très-grand nombre de points de ce vaste littoral, des salines pourraient être établies à peu de frais, tandis que, dans les parties les plus éloignées de nos mers, dans le nord-est, la terre recèle sans ses flancs un immense gisement de sel gemme que la science et l'industrie ont déjà constaté dans les départements de la Moselle, de la Meurthe, du Bas-Rhin, des Vosges, du Jura et de la Haute-Saône, etc. Dans toutes ces contrées, il n'est pas même nécessaire d'exécuter de grandes fouilles pour atteindre le dépôt salifère, puisque des sources naturelles viennent offrir à la surface la richesse que renferme le sol.

Et cependant, il est probable que l'on est encore loin de connaître jusqu'où pourrait s'étendre la richesse de la terre de France à cet égard, si la nécessité la faisait explorer avec un soin plus minutieux. C'est ainsi que, depuis peu d'années seulement, on a reconnu que le sud-ouest de notre pays n'est pas moins riche que le nord-est en sel minéral. Une roche immense de sel gemme s'y étend sous la surface des départements de la Haute-Garonne, de l'Arriège, des Basses-Pyrennées, des Landes, etc. Le premier banc seul de ce gisement, mesuré à Oráas, a présenté une épaisseur de 75 mètres. On peut donc dire que le sel est à la portée de toutes les parties de la France, en quantité prodigieuse et inépuisable ; on peut donc affirmer que dans notre pays le sel est presqu'aussi commun que les pierres, ou que, du moins, il ne coûte guère plus à extraire, puisque, malgré les entraves que la loi apporte à l'industrie du saunier, le véritable prix moyen de revient pour toute la France n'est pas même de 2^f 50^c par quintal métrique, tandis que, dans les marais salins, le sel est produit à moins de 1^f 75^c par cent kilogrammes (1).

Si la Providence a répandu le sel en aussi grande profusion sur la surface de notre globe, c'était sans doute pour satisfaire un des principaux besoins de ses habitants. En effet, il n'existe peut-être pas de substance qui ait été plus constamment et plus universellement recherchée par les hommes de toutes les races, de tous les temps et de tous les lieux. Le mode et les éléments de la nourriture des hommes varie selon les pays, les climats, le degré de civilisation des peuples et de fortune des individus ; mais toujours et par—tout le sel fut le complément inévitable de l'alimentation humaine.

Les annales de tous les peuples parlent du sel comme d'un objet de première nécessité pour l'homme. Le symbolique Orient en avait fait l'emblême de la sagesse, de l'amitié et de l'incorruptibilité. Jésus-Christ, parlant à ses disciples, leur dit, pour les relever à leurs propres yeux, qu'ils sont le sel de l'humanité. Autrefois, comme de nos jours, l'étranger, c'est-à-dire, l'ennemi (car ces mots étaient jadis synonymes) devenait sacré pour l'Arabe du désert, dès qu'il avait goûté de son sel, et, ainsi que les prêtres de l'ancienne Egypte, les

---

(1) Compte rendu des travaux des ingénieurs des mines, pendant l'année 1837, page 118.

cénobites chrétiens ne concevaient pas, dans leurs aspirations ascétiques, de plus grande mortification charnelle que de s'abstenir de sel. Enfin le salaire, ce mot qui sert à désigner le prix du travail (en latin *salarium*), vient du mot *sal*, sel, comme si le but principal des efforts de l'homme était de se procurer cette utile substance en dédommagement de ses fatigues et de ses labeurs.

Tous ces faits et cette espèce de consécration du sel témoignent de la profonde estime des peuples anciens pour cette substance, c'est-à-dire, du besoin impérieux qu'ils en éprouvaient ainsi que nous, et justifie cette épithète de *cinquième élément* que l'abbé Maury donnait au sel, devant la constituante.

Si, chez les peuples modernes, le sel a cessé d'être un symbole et un objet consacré, il n'en a pas moins conservé leur faveur, comme un condiment indispensable à leur alimentation, et, toutes les fois qu'une circonstance politique ou autre rendait ce condiment plus rare ou plus cher, on vit les populations s'alarmer ou s'irriter. La première denrée qui renchérit dans les villes assiégées, c'est le sel. La première récrimination des prolétaires, c'est-à-dire, des masses, contre leurs gouvernants, s'élève contre l'impôt sur le sel, contre cette dure gabelle, si impopulaire et si exécrée, que, de nos jours encore, tout collecteur d'impôt vexatoire reçoit du peuple le nom de *gabeloux*.

Et que l'on ne croie pas que la partie ignorante du peuple fût la seule à s'indigner contre l'impôt excessif qui pesait sur le sel. Les classes les plus riches et les plus éclairées en avaient compris tout l'odieux, et, dans le siècle dernier, en apostrophant la gabelle de *loi de proscription et de malheur*, Buffon n'était réellement que l'éloquent interprète de la réprobation universelle.

En effet, de tous les assaisonnements que l'homme puisse employer pour corriger l'insipidité ou les propriétés nuisibles de ses aliments, le sel est le plus généralement et le plus constamment employé. C'est le seul condiment du pauvre, et, pour les classes aisées, nul autre condiment ne pourrait le suppléer complétement. Il est recherché par tous les sexes et par tous les âges ; mais l'enfant s'en montre encore beaucoup plus avide. Quelques physiologistes attribuent ce goût souvent désordonné de l'enfance pour le sel, au sentiment naturel de conservation, qui indiquerait instinctivement à cet âge les propriétés antiseptiques et vermifuges de cette substance, précisément à l'époque de la vie où le corps humain est le plus fréquemment et le plus dangereusement tourmenté par une multitude de parasites intestinaux.

C'est un fait démontré par l'expérience, que les aliments lactés et farineux, une nourriture grossière et végétale exigent une plus grande consommation de sel pour que la digestion puisse s'en faire convenablement. Aussi les classes ouvrières et pauvres consomment-elles journellement, lorsqu'elles le peuvent, une dose de ce condiment plus forte que celle qui est absorbée par les individus appartenant aux classes aisées, chez lesquelles l'alimentation se compose surtout de produits animaux et mieux choisis. Tous les hommes qui ont vécu avec les ouvriers, avec les gens de la campagne, ont pu s'assurer de la vérité de ce fait et remarquer l'énorme consommation de sel faite par eux, lorsqu'ils en ont à discrétion. Par une foule d'autopsies, les médecins se sont assurés, depuis longtemps, de la plus grande abondance de vers intestinaux contenus dans les intestins du pauvre, dont la nourriture grossière laisse dans l'estomac des résidus non digérés et foyers de la formation vermineuse. Il est démoutré pour les physiologistes que ces digestions

imparfaites sont, dans une foule de cas, le résultat de la mauvaise qualité des aliments combinée avec la privation de sel. Le médecin, comme le vétérinaire, est convaincu des propriétés bienfaisantes du sel absorbé à doses convenables. Par une consommation suffisante de ce condiment, l'appétit est aiguisé chez l'homme, comme chez les animaux domestiques ; l'assimilation s'opère mieux, à cause d'une sécrétion salivaire plus abondante et d'une meilleure excitation des organes disgestifs ; enfin, par suite de cette action salutaire, l'organisme entier se trouve fortifié et amélioré. Aussi toute mesure tendant à restreindre chez les hommes, et surtout chez les pauvres, la consommation de cette substance si éminemment hygiénique nous semble-t-elle un acte cruel, un véritable attentat à l'humanité. « Le sel, s'écriait Vau-
» ban (*Dîme royale*), le sel est une manne dont Dieu a gra-
» tifié le genre humain et sur lequel, par conséquent, on
» n'aurait jamais dû mettre d'impôt. »

Mais les cultivateurs doivent ressentir plus vivement encore que toutes les autres classes de la société, le poids de l'impôt qui frappe le sel, puisqu'indépendamment des privations personnelles qu'ils en éprouvent, ils y voient en outre un grave obstacle au développement et à l'amélioration de celle des branches de leur industrie qui sert de base à toute l'agriculture, je veux parler de l'élève et de l'engraissement du bétail.

En effet, tous nos animaux domestiques ne sont pas moins avides de sel, n'en ont pas un besoin moins vif que l'homme lui-même. C'es , du reste, ce qu'ils ont de commun avec les autres animaux des mêmes genres et vivant à l'état sauvage.

Si, dans les pâturages qui couronnent les cimes de la plupart des montagnes de l'Europe, les pâtres voient accourir les vaches et les moutons transhumants, au chalet ou au parc, aux heures où ils leur distribuent quelque peu de sel ; si le colon, dans le Nouveau-Monde, voit ses bestiaux dispersés dans les vastes savanes , se rallier autour de sa demeure pour y recevoir une provende salée, d'autre part les chasseurs américains ont remarqué depuis longtemps que les cerfs de l'Amérique du nord font périodiquement des voyages excédant souvent plus de cent lieues, pour se rendre près des sources salées, et qu'à leur retour, ces animaux sont totalement délivrés d'une multitude de parasites qui les dévoraient antérieurement.

C'est encore à ce goût instinctif pour le sel , que, dans les États-Unis, les habitants de l'Ohio, du Kentucky, du Missouri, de l'Indiana doivent la découverte de leurs sources salées ou de leurs mines de sel ; c'est en suivant les sentiers frayés par les troupeaux de buffles, qu'ils sont arrivés à ces découvertes. Aussi, toute bourgade placée près d'une source salée y porte-t-elle ce nom de *Buffaloë*, si souvent reproduit dans la géographie de ces contrées.

D'ailleurs ce goût naturel, cette appétence des animaux pour le sel et pour les corps qui en contiennent, est un fait journellement constaté par les naturalistes et les agriculteurs. Il serait donc superflu d'en donner des preuves. Vétérinaires et cultivateurs, instruits ou routiniers, tous les hommes qui vivent au milieu des animaux domestiques, s'accordent à reconnaître l'attrait et les propriétés bienfaisantes du sel pour les bestiaux.

Ces propriétés, constatées par l'expérience et par la science, sont les suivantes :

Au moyen de l'usage habituel du sel, les vaches et les brebis, et en général tous les animaux domestiques de la classe des mammifères, donnent un lait plus abondant et plus riche en parties butyreuses et caséeuses. Les veaux et les agneaux qu'elles produisent sont plus vigoureux.

En Angleterre et aux États-Unis, l'expérience a prouvé qu'au moyen du sel, l'élève des poulains est moins chanceux et plus assuré.

Les chevaux et les bêtes à cornes qui reçoivent fréquemment du sel, ont le poil plus uni et plus brillant, indice que les fonctions si essentielles de la peau s'exécutent mieux.

En Espagne et dans la Grande-Bretagne, on attribue la plus heureuse influence à cette substance sur la qualité et l'abondance de la laine, à laquelle elle donne plus de nerf et d'élasticité.

Le sel augmente l'énergie du bœuf de travail et la vigueur du cheval.

Il augmente la fécondité et l'ardeur des taureaux et des béliers ; vieille expérience qu'il y a trois siècles, Bernard Palissy formulait ainsi dans son vieux langage : « Le sel » entretient l'amitié entre le masle et la femelle. »

Le bœuf, le mouton, le porc s'engraissent mieux, plus promptement et à moins de frais, lorsqu'ils reçoivent du sel. *Une livre de sel*, disent les Suisses, *fait dix livres de viande.*

Les bestiaux qui ont reçu du sel pendant l'engraissement, fournissent une viande plus savoureuse et de meilleure qualité, témoin les moutons des prés salés, si connus des gastronomes.

Le sel, administré régulièrement à nos bestiaux, les affranchit d'une foule d'affections qui résultent de digestions mal faites, surtout dans les années où les fourrages sont de mauvaise qualité. Les coliques et les maladies d'intestins sont alors moins fréquentes ; les maladies vermineuses principalement chez les ruminants, beaucoup plus rares et moins

(11)

graves ; les porcs sont affranchis de la ladrerie, et la pourriture, ce fléau de nos bêtes à laine, est exceptionnelle dans les troupeaux suffisamment fournis de sel, et inconnue dans ceux qui paissent l'herbe salée des rives de nos mers ou de nos prés salés de l'intérieur.

Quelques vétérinaires, et M. Dumoussy entre autres (expériences faites au haras de Pompadour, de 1816 à 1826), ont vu, dans l'usage du sel, un préservatif contre la fluxion périodique chez les chevaux, c'est-à-dire, contre la plus funeste affection, après la morve, qui attaque la race chevaline.

Enfin il n'est pas jusqu'aux porcs et à la volaille qui, par l'usage de ce condiment, ne se trouvent à la fois et mieux portants et plus féconds et plus aptes à l'engraissement.

Le sel, en résumé, est tellement utile à nos animaux domestiques, que l'observation démontre que, partout où cette substance leur est refusée, le bétail est chétif et rare, tandis qu'il est remarquablement beau et nombreux dans les contrées où le cultivateur peut lui fournir du sel avec quelque abondance (*).

(*) Qu'on me permette de citer ici quelques faits de ma pratique. Je me suis décidé, depuis cinq années, à donner du sel en plus grande quantité à mes bestiaux. Or, pendant ces cinq années, sur cent et quelques chevaux que j'emploie à mes cultures et à d'autres services plus rudes, *je n'en ai pas perdu un seul par maladie.* Les affections internes ont été chez eux et rares et peu graves, et j'ai pu obtenir assez souvent de ces animaux un travail exagéré sans résultats fâcheux. En outre, un troupeau formé il y a trois ans, de 400 agneaux de rebut, restes misérables de la vente de plusieurs troupeaux, a été élevé par moi dans ma ferme des Abouts, réputée cependant comme peu favorable à l'entretien des bêtes à laine, et s'y est, grâce au sel, rétabli et tellement fortifié, que, sauf quelques pertes éprouvées à son arrivée, la mortalité par la pourriture n'a pas été d'un et demi pour cent par an, en moyenne.

Combien donc les cultivateurs ne doivent-ils pas gémir d'un impôt qui, les privant d'une aussi précieuse ressource que la nature semblait leur livrer gratuitement, frappe leur industrie dans sa branche la plus efficace pour l'amélioration du sol et la plus féconde pour sa prospérité. « La ga-
» belle, a dit Buffon, fait plus de mal à l'agriculture que la grêle
» et la gelée ; les bœufs, les chevaux, les moutons, tous nos
» premiers aides dans cet art de première nécessité et de
» réelle utilité, ont encore plus besoin que nous de ce sel
» qui leur était offert comme l'assaisonnement de leur in-
» sipide herbage, et comme un préservatif contre l'humidi-
» té putride dont nous les voyons périr : tristes réflexions
» que j'abrège en disant que l'anéantissement d'un bien-
» fait de la nature est un crime dont l'homme ne se fût ja-
» mais rendu coupable, s'il eût entendu ses véritables in-
» térêts . »

Deux révolutions ont passé sur la France depuis que Buffon écrivait ces mots, et ces tristes paroles sont encore pour la France pleines de vérité et d'actualité.

C'est ordinairement à l'état dans lequel le commerce le lui livre que le cultivateur administre le sel aux animaux domestiques. Quelquefois cependant il le mélange à diverses substances, à l'argile et au plâtre, pour en former des gâteaux qu'il laisse ensuite à la portée et à la discrétion de son bétail ; mais ce mélange est évidemment une mesure d'économie, forcée et prescrite par le taux élevé de l'impôt sur le sel.

Lorsque le sel est administré sans mélange aux bestiaux, la ration varie suivant les espèces ; dans chaque espèce, suivant les âges et le développement des races, et enfin, dans chaque pays, selon l'expérience personnelle que le cultivateur a acquise dans l'emploi de cette substance et le prix auquel il peut se la procurer. Il en résulte une grande variété dans les données que nous fournit, à cet égard, la pratique des différentes contrées de l'Europe, variété qui s'explique surtout par le prix élevé que, grâce à l'impôt, le sel atteint dans certains états, et par le manque d'expérience dont cet impôt est cause, lorsqu'il arrive à un taux excessif, comme cela a lieu en France. On comprend en effet que le cultivateur français, obligé de payer 30 francs par quintal métrique de sel, pour l'impôt seulement et indépendamment du prix de revient, de transport, etc., de cette denrée, hésite beaucoup à l'administrer à ses bestiaux, ou ne le donne qu'avec parcimonie : tandis que le paysan du Palatinat qui, pour son industrie, obtient le sel à 10 f. le quintal métrique, ou le fermier anglais qui ne le paie guère plus cher, ne balance pas à en fournir largement à son bétail. Ce serait donc une chose oiseuse que d'énumérer ici les données variables que nous fournissent les praticiens des divers pays. L'important serait de connaître les maxima adoptés pour chaque espèce de bétail; or cette indication des maxima ne peut nous être fournie que par les pays où le sel est à un prix abordable par les cultivateurs.

En Allemagne et dans la Grande-Bretagne, on évalue de 60 à 120 grammes la ration journalière que l'on peut faire consommer avec profit aux bêtes à cornes. Des éleveurs des montagnes de l'Auvergne sont convaincus, dit M. Grognier (hygiène vétérinaire), que, sauf le motif puissant de l'économie, on pourrait donner journellement à chaque vache 500 grammes de sel, et qu'il en faudrait une dose beaucoup plus forte pour gâter le lait et troubler les digestions.

De tous nos animaux domestiques, le cheval paraît être celui qui, proportionnément à sa taille, a le moins besoin de sel. Aussi la pratique n'évalue-t-elle sa ration ordinaire qu'à la moitié et même au tiers seulement de celle que l'on administre aux bêtes à cornes, c'est-à-dire, à 30 grammes environ par jour et par tête.

Ce besoin de sel, relativement plus faible chez le cheval que chez les autres bestiaux, s'explique par la constitution elle-même de cet animal, par sa nourriture, dans laquelle le grain entre en plus grande proportion, et par le travail auquel il est soumis. En effet, le sel paraissant principalement destiné à donner du ton à l'estomac et à activer surtout les digestions, on conçoit aisément que l'estomac d'un animal qui travaille a un besoin moindre de stimulant que celui d'animaux qui, par une stabulation ou une inertie constante, comme cela a lieu pour les animaux à l'engrais, les vaches laitières et les bêtes à laine, sont plus exposés aux débilitations d'intestins et à toutes les affections morbifiques qui en sont la suite.

En revanche, le mouton est assurément celui de tous nos animaux domestiques, dont la constitution semble exiger le plus impérieusement et le plus abondamment le sel, pour atteindre le plus haut degré de santé, de développement et d'engraissement. Ruminant comme les bêtes à cornes, ses digestions sont en outre rendues encore plus lentes et plus difficiles par l'absence du travail et de pansement, et par un tempérament essentiellement lymphatique. Aussi est-il de tous nos animaux de la ferme celui qui se trouve le plus exposé à l'action délétère des parasites intestinaux et cutanés de toute espèce.

Du reste, le mouton est encore celui de tous nos bestiaux sur lequel les opinions varient le plus, relativement à la dose de sel qu'il convient de lui administrer. Ainsi, tandis qu'en Espagne, dans les bergeries de mérinos transhumants, on évalue à 65 kilogrammes seulement la ration annuelle de

1,000 moutons, lord Sommerville évaluait cette ration à 1,000 kilogrammes, pour la Grande-Bretagne, avant la réduction de l'impôt sur le sel, et nos voisins d'outre Rhin, chez lesquels, d'ailleurs, le sel est bien moins cher, prescrivent une ration journalière de 8 à 12 grammes par tête, c'est-à-dire, plus que quadruple de celle qu'indique lord Sommerville, déjà infiniment plus forte que celle qui est adoptée par la pratique espagnole.

Quant au porc, je n'ai trouvé nulle part de données un peu précises sur la quantité de sel à lui administrer journellement. On s'accorde seulement sur ces deux points, que le sel est également nécessaire aux porcs de tous les âges, et qu'il faut en outre se garder de leur en donner en trop grande quantité, de crainte des maladies inflammatoires qui pourraient être le résultat de cet excès et auxquelles cet animal est naturellement prédisposé.

En résumé, de l'expérience, purement empirique d'ailleurs, des cultivateurs relativement à l'emploi du sel pour le bétail, il résulte les principes généraux suivants :

1° Tous nos animaux domestiques ont besoin de sel pour arriver à l'état le plus prospère ;

2° Les ruminants exigent une quantité de sel proportionnément plus forte ;

3° Le mode d'alimentation, la nature des fourrages et des pâturages doivent aussi faire varier la quantité de sel à fournir aux bestiaux d'une espèce et d'une race données ;

4° La stabulation et le repos jugés nécessaires pour la production abondante du lait ou de la viande exigent, pour les animaux soumis à ce régime, une dose de sel relativement plus forte.

Du reste, la science agronomique a encore beaucoup d'observations à constater et d'expériences à faire sur ce qui a rapport aux particularités de l'emploi du sel pour le bétail ; car les expériences comparatives manquent à cet égard, et c'est même ce qui est cause que cette question du sel pour le bétail, évidente pour la pratique, paraît encore obscure et douteuse à quelques esprits trop dominés par une théorie exclusivement spéculative.

J'ai dit que les expériences comparatives sur l'emploi du sel pour les bestiaux nous manquaient ; mais dans le fait il en existe deux que je dois signaler. L'une a été faite, il y a quelques années, par M. de Dombasle, que l'on retrouve, dans toutes les investigations qui ont la science agronomique pour but ; les résultats de l'autre vous ont été récemment communiqués par leur auteur, M. Amédée Turck, notre collègue. C'est donc encore au département de la Meurthe que l'agronomie devra ces premières recherches positives.

Je crois devoir résumer ici ces deux expériences, qui ont commencé à donner à la question une évidence incontestable, et qui ont plus particulièrement rapport à l'influence du sel pour l'engraissement du bétail.

« Le sel, disait M. de Dombasle (*), contribue puissam-
» ment à entretenir la santé de tous les bestiaux ; mais, dans
» l'engraissement, l'emploi de cette substance est une condi-
» tion indispensable : lorsque l'animal commence à prendre
» la graisse, son appétit diminue, et, si on ne l'excite pas au
» moyen du sel, l'animal mange peu, l'engraissement est
» fort lent et par conséquent fort coûteux ;.... On peut ap-
» précier par là la grande importance du sel dans l'engrais-
» sement du bétail, et on peut juger combien il est fâcheux,
» pour les succès de cette branche si intéressante de l'éco-

(*) Annales de Roville, 2ᵉ livraison, page 158.

» nomie agricole, que le prix de cette denrée soit tel que
» l'usage en est nécessairement très-restreint. »

M. de Dombasle écrivait ces lignes en 1825 : quelques années après, des doutes s'élevèrent dans son esprit, sur la
réalité de l'action utile du sel pour l'engraissement, et, en
conséquence, il entreprit une expérience comparative dont
il rendit compte dans la 7e livraison de ses Annales.

Pour cette expérience, M. de Dombasle forma deux lots
composés de 8 moutons chacun, de même race et de même
âge. Ces deux lots pesés avant l'expérience présentaient, à
très-peu de chose près, le même poids. L'expérience dura
quatre semaines, pendant lesquelles la consommation en fourrages, par chaque lot, fut exactement la même ; un des deux
lots seulement reçut du sel à la dose totale de 15 onces et
1/2 pour les quatre semaines. Au bout de ce temps, ce dernier lot présentait une augmentation de 81 livres et 1/2, et
l'autre une augmentation de 78 livres seulement : différence,
3 livres 1/2 en faveur du lot qui avait reçu du sel. Voici la
conclusion de M. de Dombasle : « Cette différence doit être
» considérée comme insignifiante,... en sorte qu'il est extrê-
» mement douteux que le sel ait produit ici aucun effet. »
Cette conclusion, que je ne saurais adopter, ne me semble
point logique, et il me paraît évident que, dans cette circonstance, M. de Dombasle s'est laissé entraîner par cette fâcheuse
disposition de l'esprit humain, à espérer toujours obtenir des
résultats extraordinaires et à exagérer l'action de principes
qui, en réalité, ne peuvent être féconds que dans les limites
ordinaires de la production.

Or, si nous examinons, sous le point de vue du possible
et de ce que l'on peut raisonnablement espérer en industrie, les résultats obtenus par M. de Dombasle, nous serons
bientôt amenés à une conclusion tout opposée à celle qui a

2

.été portée par cet esprit si éminent et si calme d'ailleurs.

Remarquons d'abord que cette augmentation de 3 liv. 1/2 de viande, si minime, considérée isolément, n'est en réalité précédée que par la consommation d'une faible dose de 13 onces 1/2 de sel, absorbée en 28 jours, par 8 moutons. En conséquence, ces animaux n'ont pas même reçu 2 grammes de sel par tête et par jour, lorsque nous avons vu que, dans quelques pays, les cultivateurs donnent jusqu'à 12 grammes, surtout dans l'engraissement. On pourrait donc déjà objecter que la faible augmentation obtenue par M. de Dombasle, n'est due qu'à la parcimonie avec laquelle les animaux qui ont servi à l'expérience ont été approvisionnés de sel.

Néanmoins, si l'on envisage ce même résultat sous son véritable point de vue, on sera étonné de l'avantage pécuniaire relatif qu'il constate dans l'emploi du sel.

En effet, la véritable question est ici de savoir ce qui réellement a produit cette augmentation, quelque faible qu'elle soit.

Les deux lots de moutons soumis à une expérience comparative, avaient le même poids ; leur consommation a été la même. Seulement, l'un reçoit 13° 1/2 de sel, l'autre n'en reçoit point. Le premier augmente de 3 l. 1/2 de viande de plus que l'autre. Que doit-on en conclure ? Nécessairement que 13° 1/2 de sel ont produit 3 l. 1/2 de viande, c'est-à-dire, que le kilogramme de sel a produit plus de 4 kilogrammes de viande. Or, le kilogramme de sel vaut tout au plus 0^f,40^c ; le kilogramme de viande vaut au moins 1^f ; donc 0^f,40^c de sel ont produit 4 francs de viande ; donc le sel, employé à l'engraissement du bétail, dans l'expérience de M. de Dombasle, a produit un bénéfice de 1000 pour cent en moins d'un mois !... Que penser après cela de la conclusion de M. de Dombasle ?

Dans l'expérience de M. Amédée Turck, quatre lots de cinq moutons chacun sont nourris à discrétion ; les 2ᵉ, 3ᵉ et 4ᵉ lots reçoivent du sel, le 1ᵉʳ n'en reçoit pas.

Le 1ᵉʳ lot augmente de 9 pour cent de son poids.

2ᵉ	—	10	*id.*
3ᵉ	—	21	*id.*
4ᵉ	—	14	*id.*

Ainsi, le lot qui n'a pas reçu de sel augmente le moins, et, si l'augmentation des 2ᵉ et 4ᵉ lots n'est guère plus élevée que celle du lot qui n'a point reçu de sel, c'est que M. Turck, dans le but de varier ses essais, a donné au 2ᵉ et 4ᵉ lots du sel avec excès, à la dose de 24 grammes par tête et par jour, c'est-à-dire, à dose double du maximum indiqué par la pratique. Le 3ᵉ lot, au contraire, rationné, sous le rapport du sel, d'après la dose indiquée par les praticiens allemands, c'est-à-dire, à raison de 12 grammes par tête et par jour, a présenté une augmentation de 21 pour cent, ou de plus du double de celle du lot privé de sel.

Or, comme ce 3ᵉ lot a donné, sur celui qui n'a point reçu de sel, une augmentation de 14 kilog. 1/2 de viande, qui sont nécessairement le résultat des 60 grammes de sel consommés par jour, par les cinq moutons composant ce lot ; il en résulte que, dans cette expérience qui a duré 28 jours, 1 kilog. 1/2 de sel a produit 14 kilog. 1/2 de viande ! Ainsi se trouve confirmé le proverbe suisse : *une livre de sel fait dix livres de viande.*

Du reste, il est à désirer de voir se multiplier les expériences du genre de celles de MM. de Dombasle et Amédée Turck, afin de porter la conviction dans tous les esprits et même chez les personnes qui, étrangères à l'agriculture, attachent une importance exclusive aux expériences compara-

tives, lorsque dans le fait l'expérience vulgaire, tout em—
pirique qu'elle puisse être d'ailleurs, a souvent aux yeux
du praticien une valeur bien supérieure.

Mais ce n'est pas seulement en l'administrant directement
aux bestiaux que le cultivateur utilise le sel : il peut retirer une
utilité bien plus grande encore de cette substance, en la mêlant
aux fourrages , dans ces années désastreuses, où des jours
constamment humides et pluvieux, pendant les fenaisons,
ne lui permettent d'emmagasiner que des foins avariés, ou
qui, rentrés humides, s'altèreront dans ses fenils.

Dans les fenaisons pluvieuses, lorqu'il est impossible de
sécher convenablement les foins, l'expérience a appris qu'en
les saupoudrant de sel, au moment de les entasser, et dans
la proportion de 2 à 5 kilogrammes de sel par quintal métrique de fourrage, on prévient l'échauffement et la fermen-
tation putride du foin dans les masses, et que, grâce à cette
précaution, l'on échappe à l'inconvénient grave et sans cela
inévitable, d'avoir un foin fétide, moisi, privé de ses qualités
nutritives et repoussé par les bestiaux, pour lesquels il devient
une cause certaine de maladies et même de mort, lorsque la
faim et la pénurie les contraint de s'en nourrir exclusivement.

Dans les fenaisons accompagnées de fréquentes pluies ou
précédées immédiatement de débordements, mais terminées
par des temps favorables qui ont permis de sécher complétement les fourrages, le cultivateur trouve encore dans le sel
une ressource précieuse, pour améliorer des produits qu'il a
pu rentrer secs, il est vrai, mais avariés, dépouillés de leur
arome et d'une partie de leurs sucs, et ayant contracté une
odeur de vase, une saveur de marais qui en éloigne le bétail.
Dans ces circonstances, l'expérience a encore appris qu'en
arrosant ces fourrages, au moment de les livrer aux bestiaux,

avec une solution d'eau salée, on leur rend, si non leurs qualités normales, du moins la propriété d'être consommés sans dégoût par nos animaux domestiques, et de pouvoir être assimilés par eux, sans altération de leur santé et sans qu'ils en éprouvent ces maladies si fréquentes et si nombreuses en pareil cas, lorsque le sel n'a pu être employé comme correctif.

Quand on fait usage de l'eau salée pour l'amélioration des foins avariés, on fait dissoudre un ou deux kilogrammes de sel, selon le degré d'altération du fourrage, dans un demi-hectolitre d'eau, et cette solution est suffisante pour un quintal métrique de foin.

Enfin le sel ajouté aux fourrages grossiers, trop mûrs ou récoltés sur des sols marécageux, les améliore considérablement, neutralise leurs mauvaises qualités et les fait même rechercher par le bétail. En outre, dans les années qui suivent une disette de fourrages ou d'avoines, on peut, avec bien moins d'inconvénient, donner de l'avoine et du foin nouveaux au bétail, en ayant soin de les arroser préalablement avec de l'eau salée.

Tous les avantages qui résultent de la consommation directe du sel par les animaux domestiques et du mélange de cette substance avec les fourrages, ont engagé les cultivateurs de quelques pays à en ajouter même aux fourrages les mieux conditionnés et de la meilleure qualité, convaincus que sont ces cultivateurs d'arriver par là à une grande économie de nourriture. C'est ainsi que s'est établi, dans la Suisse et dans la Souabe, le dicton populaire qui affirme que *six livres de foin mêlé de sel valent autant pour la nourriture du bétail que huit livres de foin non salé.* Et, en admettant même qu'il y ait quelque exagération dans ce principe, lorsqu'il est question de fourrages de bonne qualité, il paraît du moins incontestable que cette proportion serait même fort au-dessous de la vérité, s'il s'agissait de fourrages avariés ou de qualité inférieure et dont la consommation, sans ce mélange, serait incomplète, ou souvent plus nuisible qu'utile.

Indépendamment de ces diverses manières d'employer le sel dans leur industrie, les cultivateurs peuvent encore s'en servir à leur grand profit et à l'avantage de la société entière; pour préserver leurs récoltes de froment des ravages de la carie. Ce fait, constaté depuis longtemps par la pratique de quelques parties de l'Europe et notamment de la Grande-Bretagne, a été confirmé de la manière la plus évidente, par dix-neuf expériences comparatives faites à Roville sur divers échantillons de froment carié, semés en 1831.

Il résulte de ces expériences que, parmi les diverses substances employées comme préservatif de la carie, le sel a donné le résultat le plus décidément avantageux.

« L'addition du sel commun à la chaux, dit à cette occasion M. de Dombasle, accroit à un très-haut degré l'action destructive que cette dernière exerce sur les germes » de la carie.

» Depuis longtemps le sel est employé très-fréquemment » à cet usage en Angleterre. Selon le rapport d'Arthur » Young, cette pratique doit son origine à une observation » fournie par le hazard: dans une année où la carie infestait » à un haut degré les récoltes de froment, on remarqua l'ab- » sence complète de la carie, dans toutes celles qui pro- » venaient de grain sauvé d'un navire submergé, et qui » avait été plongé dans l'eau de la mer..... Depuis cette » époque, on fait généralement usage (en Angleterre) de » solution de sel, soit en l'employant seul, soit en y mêlant

» de la chaux ou d'autres subtances, et les cultivateurs an-
» glais regardent ce moyen comme très-efficace pour la des-
» truction de la carie.

» En France,.... on ne croit guère à l'efficacité du
» sel employé dans ce but. Cette opinion, que j'ai partagée
» et que j'ai peut-être contribué à propager par quelques
» unes de mes publications précédentes, était fondée sur
» des observations publiées précédemment par un agro-
» nome dont le nom fait autorité ; mais l'expérience dont je
» viens de rendre compte ne peut guère laisser de doutes
» sur la puissante efficacité du sel dans ce cas. » (*Annales de
Roville, VIII*e *livraison, page 348.*)

Dans l'expérience dont il s'agit ici, M. de Dombasle avait
plongé pendant 2 heures du blé fortement carié, dans une
solution formée de 50 litres d'eau, 5 kilogrammes de chaux
et de 8 hectogrammes de sel commun.

J'arrive maintenant à un des emplois du sel pour l'agriculture, qui, s'il était bien constaté et bien connu, pourrait à
lui seul consommer, pour l'amélioration de notre sol et l'accroissement des produits de l'industrie agricole, autant et
plus de sel que la production actuelle de nos salines n'en
fournit à la consommation générale de la France et à l'exportation. Je veux parler du sel considéré comme amendement des terres.

Cette question importante n'est cependant point encore
entièrement éclaircie. La pratique de diverses localités et
l'opinion de la majeure partie des agronomes prouve l'efficacité du sel comme amendement. D'autres agriculteurs et
quelques essais semblent infirmer cette efficacité dans certains cas, mais sans rien conclure contre le principe en
général. Enfin, quelques savants, en fort petit nombre

d'ailleurs, rejettent, d'une manière presque absolue, cette pratique comme stérile de résultats productifs. Parmi ces derniers, nous devons signaler M. Gay-Lussac, qui, dans une occasion solennelle, a appuyé cette opinion de la puissante autorité de sa parole et au grand préjudice de notre agriculture. Les rares partisans de l'opinion de M. Gay-Lussac se sont étayés de l'expérience de M. de Dombasle; mais les essais faits à Roville, essais exécutés sur une très-faible échelle, et, d'ailleurs, restreints à quelques petites parties du territoire de la ferme, n'ont rien prouvé à M. de Dombasle lui-même, sinon, que le sel n'a produit aucun effet perceptible sur le sol qui, à Roville, a servi de théâtre à ces essais. Mais, déclarer, d'après cela et même d'après les autres expériences négatives qui ont pu parvenir à la connaissance de M. Gay-Lussac, que le sel est, dans tous les cas possibles, improductif comme amendement, ce serait admettre que l'on peut nier l'efficacité de tous les amendements connus.

En effet, si l'expérience a démontré, de la manière la plus évidente, les immenses avantages que l'agriculture de toute l'Europe retire de l'emploi de la chaux, de la marne, du plâtre, des cendres, etc., il n'en est pas moins vrai que l'on pourrait citer une foule de cas, où ces divers amendements ont été employés sans résultats utiles. M. de Dombasle a fait, à Roville, des expériences improductives avec la chaux, les cendres, la marne; mais il n'en a jamais conclu, non plus que pour le sel, que ces amendements dussent nécessairement être partout inefficaces.

Un pareil raisonnement était impossible chez M. de Dombasle; car il savait fort bien que, si le chaulage des terres ne lui avait pas réussi à Roville, cette utile pratique avait cependant fait la fortune d'une commune (Chamagne) située à quelques kilomètres seulement de sa ferme ; et que les cendres, dont l'emploi avait été sans efficacité sur les prairies de Roville, donnent, à quelques myriamètres de chez lui, dans les prairies granitiques des Vosges, des résultats tellement avantageux, que les montagnards vosgiens parcourent, chaque année, les départements environnants pour en enlever toutes les cendres lessivées qu'ils peuvent y acheter. Du reste, la question de l'utilité du sel comme amendement n'est pas nouvelle, ni dans la science, ni dans la pratique. François Bàcon, l'illustre fondateur de la méthode expérimentale, annonçait, il y a plus de deux siècles, d'après sa propre expérience, les bons effets du sel sur la végétation. Après lui, presque tous les agronomes de l'Europe, à peu d'exception près, signalèrent l'utilité de cette substance, soit pour le bétail, soit comme amendement. Parmi eux, je me bornerai à citer Arthur Young, Humphry Davy, John Sinclair, Loudon, en Angleterre ; Thaer et Leuchs, en Allemagne ; en France, Chaptal, les auteurs de nos diverses maisons rustiques et de nos dictionnaires d'agriculture, et, de nos jours, M. Puvis et M. de Gasparin, dont le Cours d'agriculture, qui se publie en ce moment, contient d'excellentes observations à ce sujet. Enfin, nous devons signaler un mémoire spécial sur cette question, par M. Lecoq, professeur d'histoire naturelle à Clermont-Ferrant (1), mémoire dans lequel l'auteur rend compte de nombreuses expériences comparatives, faites par lui, et qui tendent à confirmer quelques-uns des principes déjà admis par la pratique, en démontrant l'avantage notable de l'emploi du sel sur les prés naturels, sur les luzernières, sur les terrains ensemencés en orge, en lin, plantés en pommes de terre, etc.

---

(1) Recherches sur l'emploi des engrais salins.

Tout ce que nous pouvons conclure de la divergence des opinions, relativement à l'emploi du sel comme amendement, c'est qu'il en est du sel comme de tous les autres amendements, qui, pour donner des résultats, exigent certaines conditions de sols ou de température; et que, si l'accord n'est pas unanime sur l'efficacité du sel, c'est que le prix exhorbitant de cette denrée a détourné les cultivateurs d'en faire des essais assez nombreux pour en vulgariser les propriétés et les rendre incontestables, tout en faisant connaître les exceptions dans lesquelles cette substance serait sans efficacité. Ajoutons à cela que M. Gay-Lussac est à peu près le seul qui ait nié d'une manière absolue l'utilité du sel comme amendement; mais, si l'opinion de M. Gay-Lussac doit paraître des plus respectables pour ce qui concerne la chimie en général, il n'est pas probable que son expérience et ses titres, comme agronome, soient d'un poids suffisant pour contrebalancer l'autorité des noms cités ci-dessus, d'autant plus que la pratique, le meilleur criterium en pareil cas, vient confirmer l'opinion de ces derniers.

En effet, l'excellente qualité des prés salés de tous les pays et de toutes les prairies maritimes ou peu éloignées de la mer, ne peut guère être attribuée, en majeure partie du moins, qu'à l'influence des émanations salines, dont l'action fertilisante se fait même sentir sur les herbages, à une vingtaine de lieues des côtes, s'il faut en croire les observations de sir Humphry Davy, dans la Grande-Bretagne. Ces observations, dévancées, d'ailleurs, de trois siècles, par Bernard Palissy (1), ont été appliquées depuis longtemps par la pratique, dans la Hollande, dans les comtés de Chester, de Devon, de Cornouailles et de Norfolk, et dans l'île de

---

(1) OEuvres complètes : Des sols divers.

Man, où les cultivateurs sèment du sel dans les prés secs, pour en augmenter le produit et y détruire la mousse, et elles sont confirmées par les expériences comparatives faites en Angleterre, dans le siècle dernier, par le jardinier de lord Manner, et depuis peu, en France, par M. Lecoq.

A quel autre agent qu'au principe salin, doit-on attribuer les heureux résultats, pour l'amendement du sol, de l'emploi des sables et des vases saturés de sel par le séjour dans les eaux de la mer ou par de fréquents arrosages avec ces mêmes eaux ? L'utilité de fécondation si remarquable de ces amendements est connue depuis un temps immémorial des cultivateurs placés sur les bords de l'Océan, en France ou dans les Iles Britanniques. Là les cultivateurs les préfèrent à la chaux et les considèrent comme agissant sur le sol, et comme amendement et comme engrais tout à la fois.

On peut en dire autant des goëmons et des varecs si recherchés des cultivateurs du littoral, et qui, employés soit en nature, soit réduits en cendres, forment une ressource si précieuse pour ceux qui sont à même de s'en procurer.

Lorsque le sel était libre d'impôt, on en répandait, en Provence, au pied des oliviers, et une antique pratique de ce genre se trouve indiquée dans l'histoire de l'Assyrie, où les cultivateurs, au rapport de Pline, répandaient du sel autour des tiges de leurs palmiers pour les fortifier et en augmenter les produits. Sans recourir à l'exemple de la Chine et de l'Inde, où, depuis un temps immémorial, on emploie le sel pour féconder les jardins et les champs, on peut citer la pratique des parties de l'Allemagne et de la Pologne, voisines des mines de sel, où les résidus de la préparation de cette substance sont recueillis avec soin pour en amender les terres ; on peut citer l'emploi des déblais saturés de molécules salines des excavations où les sauniers de la Bretagne et de la Normandie font évaporer les eaux de la mer, pour en extraire le sel. Ces résidus, jetés dans les terres, les fertilisent au point qu'on y obtient les plus belles récoltes sans recourir à d'autres engrais.

Enfin, comment pourrait-on nier l'efficacité du sel appliqué au sol cultivé, en présence de l'énorme augmentation de la consommation du sel dans la Grande-Bretagne, où, malgré la réduction de l'impôt sur cette denrée, le gouvernement livre à plus bas prix encore le sel destiné à l'amendement des terres , après l'avoir dénaturé par un mélange avec de la suie ? Cet accroissement de consommation fut si rapide, que, dès l'année 1828, c'est-à-dire, peu d'années après la réduction de l'impôt, on lisait dans la *Revue Britannique* (juillet 1828) : « Le sel est devenu d'un usage si général, » que c'est aujourd'hui l'amendement le plus employé dans » l'agriculture de la Grande-Bretagne. »

Après tous les faits et les pratiques que je viens d'énumérer et qu'il serait si facile de multiplier encore, comment mettre en doute les immenses avantages que pourrait retirer l'agriculture française de l'emploi du sel pour l'amélioration de ses races de bestiaux, de ses fourrages et de ses terres ? Si le cultivateur français ne fait pas un plus fréquent usage d'une ressource que la nature semblait lui avoir prodiguée, on ne peut sans injustice en faire une objection contre l'utilité que notre industrie agricole pourrait obtenir de l'usage du sel. Ce serait, dans ce cas, reprocher son inertie à un homme auquel on aurait préalablement lié les jambes et les bras.

Le sel a presque toujours été d'un prix relativement excessif en France, et par conséquent, les cultivateurs français, si l'on en excepte ceux qui se trouvaient sur le bord de la mer dans des circonstances exceptionnelles, les cultivateurs français n'ont pu se livrer à une pratique et à des essais sur une substance dont l'impôt équivalait à une véritable prohibition. Il est vrai que pendant quelques années, dans le paroxisme de la révolution, le sel a été en France à peu près libre d'impôt et conséquemment à bas prix ; mais, dans cette époque de crise nationale, de bouleversement social et de luttes de toute espèce, nos paysans avaient bien autres choses à faire qu'à se livrer à des essais sur les divers emplois du sel. Ils désertaient nos champs et, courant à la frontière, ils consolidaient à jamais leur affranchissement récent et purgaient le sol de la patrie envahi par l'étranger.

On comprend que, dans de pareilles circonstances, les idées d'améliorations et d'expériences agricoles ne durent guère préoccuper les esprits. Il est donc permis de dire qu'à aucune époque, nos cultivateurs n'ont été, grâce à l'impôt, dans la position de constater, par une pratique constante et générale, les avantages que notre industrie agricole pouvait trouver dans l'emploi du sel. On sait d'ailleurs combien les améliorations et les bonnes pratiques ont été et sont encore lentes à s'établir et à se propager, lors même qu'elles ne sont pas entravées par l'obstacle pécuniaire, le plus grave de tous dans notre agriculture jusqu'à ce jour si pauvre en capitaux disponibles.

Dans cet état de choses, que pourrait-on désirer pour voir notre agriculture profiter enfin des avantages que lui offre le sel ?

Il faudrait que le Gouvernement supprimât d'abord l'impôt qui grève cette substance, ou du moins, qu'il en réduisît le taux comme je l'indiquerai bientôt, et qu'en même temps, il provoquât, de la part des cultivateurs les plus capables de chaque département , des essais variés et des expériences dont le programme serait uniformément tracé pour tous, afin de constater non-seulement l'utilité, encore inconnue du plus grand nombre , de l'usage du sel pour le bétail, pour l'amélioration des fourrages et l'amendement de certains sols ; mais encore afin de parvenir à bien déterminer les meilleures pratiques à suivre lorsqu'il s'agit de l'employer dans ces diverses circonstances. On comprend aisément à combien d'expériences intéressantes et des plus utiles pour notre agriculture, ces essais pourraient être appliqués. Rien d'ailleurs ne serait plus facile que d'atteindre ce dernier but. Que faudrait-il en effet pour y parvenir ? Des cultivateurs intelligents et zélés et quelques quintaux de sel par arrondissement. On trouverait les premiers dans chaque canton, et même dans la plupart des communes. Quant au sel, le gouvernement n'aurait, pour ainsi dire, aucuns frais à faire pour le fournir en aussi grande abondance que ces essais pourraient l'exiger. Il n'aurait en pareil cas aucune réduction de recette à subir , lors même que d'ailleurs il ne dégrèverait pas l'impôt, puisque la consommation contributive n'en serait nullement diminuée. Il lui suffirait d'une simple ordonnance qui permettrait à chaque Société d'agriculture, à chaque Comice agricole, de disposer de quelques quintaux de sel francs d'impôt. Les Sociétés d'agriculture autoriseraient à leur tour ceux des cultivateurs connus qu'elles jugeraient les plus aptes et les plus zélés, à employer ce sel en essais divers, en se conformant au programme, et à en faire en outre d'autres applications que leur intelligence ou les circonstances pourraient leur suggérer.

Je ne m'étendrai pas davantage sur ce sujet. Je crois en avoir dit assez pour faire comprendre combien de pareilles expériences, tentées ainsi sur tous les points de la France, par ce qu'il y aurait de plus capable dans l'industrie agricole, pourrait en peu de temps, non-seulement éclaircir tout ce qui a rapport aux divers usages du sel en agriculture , mais encore toutes les difficultés pratiques et théoriques des diverses branches de l'industrie du cultivateur.

Ces moyens d'expérimentation, jusqu'à ce jour négligés ou abandonnés aux hasards des tentatives individuelles et isolées , étant ainsi dirigés par un centre aussi puissant que l'est toujours le Gouvernement, lorsque surtout il entreprend une œuvre d'un intérêt vraiment national , avanceraient plus rapidement la pratique de l'agriculture et la science agronomique en quelques années, que n'ont pu le faire plusieurs siècles d'efforts isolés.

En France, les hommes de zèle , d'intelligence et de dévouement ne manquent pas, même parmi les cultivateurs. Le point essentiel est de diriger et de coordonner leurs efforts. Nulle puissance, je le répète, ne peut égaler celle du Gouvernement pour atteindre ce but ; et ce serait là, pour un Gouvernement, la tâche la plus noble, la plus belle , la plus productive et la plus digne des bénédictions de la postérité. Il en résulterait sans doute quelques dépenses ; mais elles seraient comparativement minimes, et, en définitive, compensées par un immense accroissement des revenus publics et privés. Du reste, ainsi que le faisait judicieusement observer J. B. Say (1) : « Si c'est le public qui définitivement doit faire » son profit des plus heureuses découvertes , il est permis » de croire que ce n'est pas une injustice que de lui faire » supporter dans l'occasion les frais des tentatives hasar- » deuses, au moyen desquelles on est quelquefois obligé » de les acheter ; c'est-à-dire, qu'il n'est pas contraire à

―――――――――

(1) Cours d'économie politique pratique.

» l'équité naturelle que ce soit le Gouvernement, administra-
» teur de la fortune publique, qui les paie... Ce n'est
» donc point ici le cas d'opposer cette maxime, que le Gou-
» vernement ne peut pas se mêler avantageusement de la
» production. Dans les essais, il ne s'agit pas de produits
» proprement dits; il s'agit de multiplier seulement les
» moyens de produire, de répandre l'instruction, qui est
» peut-être le moyen le plus puissant de tous. »

J'arrive à la question de l'impôt sur le sel. Je n'entre-
prendrai pas ici de faire l'histoire de cette taxe, dont les premières traces se perdent dans la nuit des siècles. Je me bornerai à faire observer que cet impôt a été aboli autrefois à
Rome, sous le gouvernement impérial, le plus fiscal de tous
les gouvernements connus, et de nos jours presqu'entièrement supprimé en Angleterre, c'est-à-dire, par le gouvernement le plus obéré de l'Europe. En France, cet impôt a
été établi par Philippe-le-Bel, et cette institution fut digne
de ce monarque avide et spoliateur de son peuple, qui lui
infligea le surnom de *faux monoyeur*. Depuis, il n'a été
supprimé que durant quelques années seulement (de 1791
à 1806), pendant la révolution ; mais, dans cette période de
peu de durée et d'agitation extrême, il fut impossible de
bien constater les avantages de cette suppression pour le
peuple et pour l'agriculture.

Ce n'est donc que dans notre époque de paix et par ce
qui se passe en Angleterre depuis la réduction de l'impôt
sur cette substance, que l'on peut se faire une idée de l'accroissement de consommation qui résulte de l'abaissement
de cette taxe et des avantages que peut en retirer l'industrie
du cultivateur.

En France, le motif allégué par le fisc pour le maintien

de l'impôt sur le sel, consiste dans la difficulté de remplacer le produit que cet impôt procure annuellement au trésor. Cette difficulté, devant laquelle ne recula pas autrefois la monstrueuse fiscalité de la Rome impériale, ne fut pas un obstacle pour la Constituante qui, par son décret du 31 mars 1790, remplaça le produit de la gabelle par une contribution équivalente, à répartir sur toutes les provinces. De nos jours, le gouvernement britannique, malgré ses immenses besoins, a bien fini par comprendre aussi qu'il fallait céder enfin aux vœux des populations, et, en 1823, cet impôt, qui s'élevait à 40 fois la valeur intrinsèque du sel, a été réduit des deux tiers pour la consommation de l'homme, et presque entièrement aboli pour le sel employé dans les arts industriels et l'agriculture. Une augmentation d'autres impôts, et notamment de l'*Income-tax*, fut votée par le Parlement pour remplacer le vide que la diminution de la taxe sur le sel devait, dit-on, produire dans les coffres de l'Etat.

Ce que le gouvernement anglais a pu faire, pourquoi celui de la France ne le ferait-il pas? Pourquoi ne cèderait-il pas enfin à un vœu général et depuis si longtemps exprimé? Tous nos hommes d'Etat, dont l'histoire signale la sagesse et les lumières, à partir de Sully jusqu'à Turgot et Necker, tous nos publicistes, tous nos économistes, à quelque école qu'ils appartiennent, tous les hommes que la charité chrétienne ou l'amour de l'humanité a portés à étudier les besoins des classes pauvres, tous nos agronomes enfin se sont accordés à réclamer la suppression ou tout au moins la réduction d'un impôt aussi impopulaire qu'inhumain et funeste. Cette unanimité de toutes les époques prouve cependant quelque chose de fort grave contre l'existence d'un impôt qui, néanmoins au premier aspect, paraît tolérable, puisqu'il n'est assis que sur un objet d'une consommation individuelle assez limitée, et dont le prix, même avec la surcharge de la taxe, semble peu élevé, en comparaison de son utilité pour l'homme.

Mais c'est en examinant cet impôt de plus près, en observant son influence fâcheuse sur la santé et le bien-être des classes inférieures, en considérant quels obstacles il oppose aux améliorations fondamentales de l'agriculture, que l'on se trouve enfin à même d'en apprécier l'inhumanité, et de comprendre tout ce qu'il a de nuisible, sous le point de vue de l'économie publique.

Chaque citoyen doit sans doute contribuer pour sa quotepart aux charges du pays, et en conséquence il faut des impôts pour faire face aux besoins de l'Etat. Ces impôts sont équitablement établis lorsqu'ils atteignent , dans de justes limites, les objets de consommation, et le sel, par cela même qu'il nous est si libéralement offert par la nature, par le peu de frais qu'il exige pour être mis à la portée des consommateurs, et enfin, en considération de la petite quantité qui est consommée par chaque individu, le sel, dis-je, peut et doit supporter un impôt. On ne pourrait donc guère, en thèse générale, contester la justice d'une taxe sur le sel. Mais il n'en est pas de même du taux exorbitant de l'impôt, et ce n'est, en définitive, que contre ce taux excessif que se sont élevés et les hommes éclairés et les masses, qui n'ont cessé de protester contre l'impôt sur le sel.

Examinons les effets de cette surtaxe.

1° Elle est une violation du principe d'équité naturelle inscrit dans la Constitution française, d'après lequel tous les citoyens ne doivent contribuer aux charges publiques que dans la proportion de leur fortune. Or, comme le sel est le seul condiment du pauvre, l'unique assaisonnement, on pourrait dire le seul remède pour sa nourriture grossière,

indigeste et si souvent malsaine, il en résulte que les classes
inférieures en consomment proportionnément davantage
en quantité, qu'elles en usent forcémeut d'une manière dis-
proportionnée avec leur revenu, et qu'en conséquence elles
paient sous ce rapport un impôt bien plus élevé que les
classes aisées. Voilà ce qui a lieu pour l'individu considéré
isolément. Mais cet impôt grandit d'une manière vraiment
effrayante lorsqu'on envisage le prolétaire comme chef de
famille : alors, pour payer l'impôt, les classes pauvres, c'est-
à-dire, qui n'ont que leur salaire pour vivre et faire vivre leurs
familles, sont contraintes de consacrer au payement de
l'impôt, une partie très-notable du produit déjà si insuffisant
de leur travail. Plusieurs économistes ont démontré que
l'impôt sur le sel absorbe la vingtième partie du salaire de
l'ouvrier chargé d'une famille ; tandis que les classes aisées,
qui déjà consomment moins de sel, par suite d'un meilleur
mode d'alimentation et d'une plus grande variété d'assaisonnements, ne consacrent au payement de l'impôt sur le sel
qu'une partie très-insignifiante de leurs revenus. Il en résulte
donc que cet impôt, tel qu'il existe aujourd'hui, est une véritable capitation que paie l'ouvrier dans une proportion
inégale et conséquemment injuste, en ce qu'elle est contraire
tout à la fois, et aux principes d'humanité et à la loi fondamentale du pays.

2° L'impôt actuel sur le sel est une anomalie monstrueuse
au principe qui nous régit en matières d'impôts. En effet,
toutes les autres impositions n'atteignent qu'une partie seulement de la valeur de la matière imposable; pour le sel, au
contraire, l'impôt égale en moyenne quatorze fois au moins
la valeur intrinsèque de cette denrée. Exemple : dans nos
départements de l'Est, d'après le compte rendu des travaux
des Ingénieurs des mines pendant l'année 1837, le prix de

revient du sel dans les salines n'est pas même de 2 fr. 50 c.
par quintal métrique; mais, le Gouvernement percevant pour
cette quantité un impôt de 30 francs, il résulte que cet impôt égale 12 fois la valeur de la matière imposée! D'autre
part, dans les départements de l'Ouest, le quintal métrique
de sel ne revenant, d'après le même compte rendu, qu'à 1
fr. 75 c., l'impôt s'élève en réalité, pour cette partie de la
France, à plus de 17 fois la valeur intrinsèque du sel !

En vérité, nos neveux ne pourront croire à un impôt aussi
excessif, aussi exorbitant et en relègueront l'histoire parmi
les récits fabuleux. Mais, à l'occasion des calculs ci-dessus,
nous devons encore faire observer que l'impôt sur le sel est en
outre en contradiction formelle avec l'article 1er de la Charte,
qui déclare les Français égaux devant la loi, puisqu'effective-
ment, il existe sous ce point de vue, entre les français de
l'Est et ceux de l'Ouest, une inégalité réelle, considérable
et dans le rapport de 12 à 17.

5° L'impôt actuel sur le sel est contraire à nos mœurs et
à nos usages constitutionnels, en ce qu'il accorde, à telle
classe de producteurs, un privilége dont d'autres industries
sont frustrées. Ainsi, sur environ 4,200,000 quintaux mé-
triques produits en France et constatés par l'autorité, la
moitié seulement, c'est-à-dire, 2,100,000 quintaux, est
frappée par l'impôt ; l'autre moitié est exempte de la taxe
et se répartit ainsi : 400,000 quintaux environ destinés à la
pêche maritime et à la préparation du poisson ; 500,000
quintaux employés à la fabrication de la soude, du sulfate
de soude et de l'acide hydrochlorique consommés dans les
savonneries, dans les verreries, dans les blanchisseries et
autres industries ; 8 à 900,000 quintaux sont ou expédiés
dans les colonies ou transportés à l'étranger qui en fait l'usage
dont nous parlerons ci-après ; enfin, ne sont pas non plus

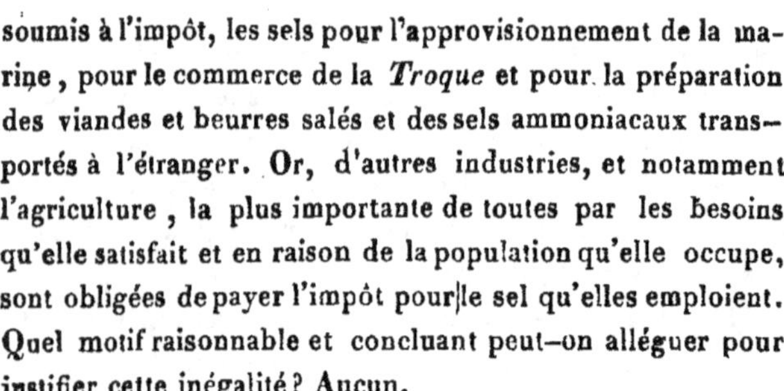

soumis à l'impôt, les sels pour l'approvisionnement de la marine, pour le commerce de la *Troque* et pour la préparation des viandes et beurres salés et des sels ammoniacaux transportés à l'étranger. Or, d'autres industries, et notamment l'agriculture, la plus importante de toutes par les besoins qu'elle satisfait et en raison de la population qu'elle occupe, sont obligées de payer l'impôt pour le sel qu'elles emploient. Quel motif raisonnable et concluant peut-on alléguer pour justifier cette inégalité? Aucun.

4° L'impôt actuel sur le sel est immoral, puisqu'au point où il élève artificiellement le prix du sel, il est une cause de criminalité, par l'excitation à la contrebande et à la sophistication. Les marchands en détail et les épiciers surtout, chez lesquels se trouvent les sophistiqueurs par excellence, excités par l'ignoble appàt d'un misérable profit, mélangent fréquemment au sel de cuisine, du plàtre cru, de la poudre de marbre, du sablon, de la poudre d'albâtre, du sel de varec, et jusqu'à du sel d'iode. Or, quelles sont les victimes de cette exécrable sophistication? Les classes inférieures, le pauvre surtout; car les ignobles artisans de cette fraude attentatoire à la santé publique, n'oseraient s'exposer à tromper le riche, dont ils redoutent la puissance. Quant à la contrebande du sel, elle se fait sur nos frontières, et, qui le croirait! avec du sel français que les étrangers sont venus acheter chez nous franc d'impôt... Ainsi, non loin de nous, le gouvernement prussien achète à la France du sel qu'il revend, avec bénéfice, à ses sujets et à un prix encore assez inférieur au nôtre, pour que le contrebandier français trouve à son tour du profit à rentrer en France ce sel qui en était sorti. Ensuite le gouvernement français punit le contrebandier, dont il est pour ainsi dire le premier instigateur, et le pauvre qui seul fait la contrebande est encore ici la victime des conséquences

de l'impôt. « Il faut, disait l'abbé Maury aux législateurs de
» la Constituante, il faut rendre au peuple le service essentiel
» de fixer le sel à un prix si bas, qu'il ne puisse pas y avoir
» de l'avantage à faire la contrebande.»

Plus d'un demi siecle s'est écoulé depuis, et le peuple
attend encore ce service de ses législateurs.

Enfin, ce qui modifie totalement la question de l'impôt sur
le sel et fait le plus fortement ressortir tout ce que le taux actuel
de cette taxe a de funeste, sous le point de vue de l'économie publique, c'est que le sel n'est pas seulement un condiment pour l'homme: cette substance, ainsi que nous l'avons
vu, est encore une des sources les plus puissantes de cette
industrie agricole, que les divers Gouvernements qui se sont
succédé en France, ont tous et toujours proclamée avec
raison, mais stérilement, comme l'industrie essentielle et
fondamentale de notre pays. Notre agriculture, si l'on veut
qu'elle cesse d'être inférieure à celle de presque tous les peuples qui nous entourent, ne peut se passer de sel pour ses
animaux et pour l'amélioration de ses fourrages et de son
sol. Mais la surcharge dont l'impôt grève le sel, en élève
tellement le prix, qu'elle équivaut à une prohibition. Les
cultivateurs ne peuvent donc donner aucun rôle au sel dans
la production agricole. L'impôt sur le sel pèse sur notre
agriculture, au point de la rendre impuissante. Aussi quel
est le résultat économique auquel cet impôt nous conduit?Les
consommateurs se plaignent à juste titre de ce que la viande
et les autres produits animaux sont, en France, trop rares et
conséquemment trop chers. De là, récrimination contre les
tarifs qui entravent les importations de ces produits, et, contre
notre agriculture, accusation d'impuissance à les produire
en quantités et en qualités suffisantes; tandis que de son côté
l'agriculture française, entravée par divers obstacles, et surtout

par l'impossibilité économique de fournir du sel en quantité nécessaire à ses bestiaux, se trouve réduite à invoquer le système protecteur et l'élévation des tarifs de la douane, sans lesquels il lui serait impossible de lutter avec avantage contre la concurrence de l'étranger, pour la création des produits animaux : car cette création est en définitive, la base fondamentale et *sine quâ non* de notre industrie agricole. L'impôt sur le sel est donc, dans l'état actuel, une cause évidente de pauvreté, non-seulement pour notre agriculture, mais encore et par contre coup, pour la société tout entière. Comment alors nos hommes d'état peuvent-ils trouver une source de revenus publics, dans ce qui n'est en réalité pour le pays qu'une cause d'appauvrissement ? Par quels principes d'économie publique pourrait-on justifier une mesure aussi destructive ? Et quels motifs fait—on du moins valoir pour le maintien d'une taxe désastreuse à ce point?

Pour justifier cette mesure, on a prétendu que la consommation du sel ne serait point augmentée par la réduction et même par la suppression de l'impôt, et l'on a mis en avant l'impossibilité de faire subir au trésor une réduction de soixante et un millions nets que produit l'impôt sur le sel. On a même cité, à l'appui de cette prétention, l'exemple de l'Angleterre, où la réduction de l'impôt n'aurait, disait-on, amené qu'une augmentation insignifiante dans la consommation du sel.

Il est facile de répondre à cette objection.

On a évalué à environ sept kilogrammes de sel la consommation moyenne de chaque individu en France ; mais, d'après les recettes des derniers budgets, on peut se convaincre qu'en réalité, cette consommation n'est que de 6 k° 1/3 tout au plus par individu.

D'autre part, on s'accorde à convenir que l'aisance est plus grande et plus générale aujourd'hui qu'à toute autre époque de notre histoire. Cela admis, il faudrait nécessairement conclure que, si l'abaissement de l'impôt ne devait avoir aucune influence sur la consommation du sel, l'époque actuelle serait celle où cette consommation devrait être la plus considérable, et que, réciproquement, la consommation du sel en France n'aurait pas dû être plus grande aux époques auxquelles l'impôt sur le sel était moindre ou même nul.

Eh bien! les faits prouvent tout le contraire et démontrent que, conformément à un des principes les plus élémentaires de l'économie publique, la consommation du sel en France a constamment varié avec l'impôt, et, jusqu'à certain point, en proportion de l'élévation ou de l'abaissement de cet impôt.

Voici les preuves de cette proposition ; elles sont établies sur les documents les plus authentiques et les plus officiels que les diverses époques aient pu nous fournir.

Avant la révolution de 1789, la France était soumise, sous le rapport de l'impôt sur le sel, au régime dit de la *gabelle* ; mais ce régime n'était pas appliqué uniformément à toutes les parties du territoire. Par suite d'anciennes stipulations conclues à l'époque de leur réunion à la couronne, ou dans toute autre circonstance, quelques provinces se trouvaient favorisées et ne payaient, pour le sel, qu'une taxe inférieure à celles dont d'autres provinces étaient grevées. Ainsi, tandis que, dans quelques provinces dites *franches*, l'impôt ne s'élevait qu'à 2 francs par 100 kilog., dans d'autres, soumises à ce qu'on appelait les *grandes gabelles*, cet impôt était perçu au taux énorme de 124 francs par quintal métrique. Or, dans ces circonstances, la différence de consommation était comme un à deux ; car, dans les provinces franches, la consommation moyenne était de 9 kilogr. par tête, —

tandis que, dans les parties soumises aux grandes gabelles , cette consommation n'était guère que de 4 kilogr.

De 1790 à 1806, le sel n'étant frappé que d'une taxe de 4 francs par quintal métrique et s'étant même trouvé momentanément libre d'impôt, pendant la dictature du Comité de salut public, la consommation moyenne s'élève à 8 kilog. et même à 10 kilogr., suivant le travail présenté au Conseil des anciens par Giraud de Nantes.

Sous le Gouvernement impérial, de 1806 à 1814, l'impôt sur le sel est en hausse : d'abord élevé à 30 fr. , il atteint ensuite, en 1813, 40 francs par quintal métrique. Aussi la consommation diminue-t-elle et n'est-elle plus que de 5 kilog. par tête.

Enfin, depuis la restauration, l'impôt étant un peu diminué et fixé à 30 francs par quintal, la consommation augmente de nouveau et atteint le chiffre actuel, c'est-à-dire, environ 6 k° 1/4 par individu.

De tous les faits qui viennent d'être présentés, n'est-on pas en droit de conclure que, si l'impôt était de nouveau réduit à un taux moins élevé, la consommation augmenterait aussi et de manière à revenir à la moyenne de 10 kilog. par individu ? Là cependant ne se bornerait pas la consommation du sel; car l'agriculture, qui, en réalité et pour divers motifs, n'a jamais fait chez nous qu'une consommation de sel relativement fort minime, l'agriculture, grâce aux nouvelles lumières et aux capitaux un peu plus abondants qu'elle possède aujourd'hui, pourrait à elle seule faire une consommation de sel bien supérieure à toute celle qui a eu lieu jusqu'à ce jour.

L'abaissement de l'impôt ferait presque doubler la consommation du sel par l'homme, et l'agriculture quintuplerait indubitablement toute la consommation actuelle.

Les faits accomplis en France ne peuvent sans doute nous fournir une preuve de la seconde partie de cette assertion; mais l'examen de ce qui vient de se passer dans la Grande-Bretagne en prouve suffisamment la vérité, et démontre en même temps l'erreur dans laquelle on est généralement encore, lorsqu'on affirme que l'abaissement de l'impôt sur le sel n'a pas augmenté la consommation de cette denrée dans les Iles Britanniques.

En effet, l'impôt sur le sel dans la Grande-Bretagne s'élevait, avant 1823, au taux exorbitant de 75 francs par quintal métrique. L'opinion publique et la chambre des Communes , à la suite d'enquêtes à ce sujet, finirent par se prononcer d'une manière tellement énergique et unanime, contre l'élévation de cette taxe, qu'elle fut définitivement réduite, en 1823, au taux modéré de 10 francs par quintal métrique.

Dans le Parlement, comme plus tard dans nos Chambres , quelques opposants affirmèrent aussi que cette réduction de l'impôt n'augmenterait pas la consommation, et que l'agriculture ne ferait pas un usage plus considérable de sel pour son industrie. Les faits semblèrent même d'abord confirmer ces prévisions ; car, dans la première année de la réduction de l'impôt, la consommation n'augmenta que de deux pour cent seulement. Cette circonstance fut signalée avec empressement par les partisans de l'ancien taux, et c'est encore de cette circonstance que l'on s'est étayé en France, pour soutenir que la consommation n'augmenterait pas en raison de l'abaissement de l'impôt sur le sel. Mais la suite ne tarda pas à démontrer combien on s'était trop hâté de préjuger sur les résultats de la réduction de cette taxe. Dix années s'étaient à peine écoulées, que la consommation intérieure était plus que sextuplée, tandis que, parallèle-

ment, le commerce exportait deux fois plus de sel à l'étran‑
ger.

Les documents authentiques et officiels fournis à ce sujet par **M. Porter**, chef de bureau de la Statisque commerciale à Londres, rendent ce fait irrécusable.

Ces documents nous apprennent que la consommation moyenne de sel, qui n'était en Angleterre, jusqu'en 1823, époque de la réduction de l'impôt, que de 727,000 hectoli‑tres seulement, s'est élevée, au bout de dix années, en 1833, à un total de plus de 4,800,000 hectolitres par an, c'est‑à‑dire, à plus du sextuple; et que, d'autre part, l'exportation du sel, bornée à une moyenne de 3 millions d'hectolitres jus‑qu'en 1823, en sortait du royaume, dix ans après, plus de 7,400,000 hectolitres.

Ainsi, le gouvernement britannique, dont le fisc d'ailleurs avait pris ses précautions, en obtenant à tout hasard d'au‑tres impôts, en dédommagement de la prétendue perte que devait lui faire subir la réduction de la taxe sur le sel, le gouvernement britannique se trouva avoir fait, fiscalement parlant, *une bonne affaire;* puisqu'en définitive, il percevait par cette combinaison des impôts à peu près doubles, et qu'en outre, ce qui ne doit pas être sans quelqu'importance, même aux yeux du fisc, le public et l'industrie du pays étaient sa‑tisfaits.

Mais, dira‑t‑on, l'augmentation de la consommation du sel sera‑t‑elle aussi considérable en France que dans la Grande‑Bretagne? Tout tend à le prouver et même à faire croire que cette augmentation serait proportionnément encore plus grande. En effet, l'Anglais consomme moins de sel que le Français, et la cause de cette différence se trouve dans la nourriture mieux choisie et plus animale de l'ouvrier anglais; au lieu que nos ouvriers se nourrissent principalement de légumes et consomment fort rarement de la viande. D'autre part, les animaux domestiques de l'Angleterre, plus nombreux, mieux nourris et perfectionnés depuis longtemps, n'ont pas autant besoin de sel que nos bestiaux. Enfin les terres de la Grande-Bretagne, mieux cultivées, mieux assolées et plus fortement fumées de longue date, doivent exiger moins fréquemment et moins abondamment que notre sol, l'emploi du sel comme amendement : tandis que les prairies de l'Angleterre, par l'effet de l'humidité naturelle du climat, donnent des produits plus considérables que les nôtres et doivent avoir d'autant moins souvent besoin de sel, que, par suite de la position insulaire du pays, l'atmosphère y est beaucoup plus chargée de principes salins.

Cependant, même en ne tenant pas compte de ces circonstances qui doivent rendre très-probable une augmentation, dans la consommation du sel, plus grande en France qu'en Angleterre, on ne saurait du moins mettre en doute que cette augmentation ne dût être chez nous au moins aussi forte que dans la Grande-Bretagne. Dans cette hypothèse, le gouvernement français verrait donc les coffres de l'Etat aussi abondamment pourvus que dans le moment actuel, par un impôt de 5 francs seulement par quintal métrique. Le taux serait réduit au sixième de ce qu'il est aujourd'hui, mais la consommation serait sextuplée. Le fisc y gagnerait même en ce sens, que les frais considérables que le Gouvernement est obligé de faire pour surveiller la fraude et la contrebande désormais impossibles, seraient presqu'entièrement supprimés.

D'ailleurs, c'est une vérité démontrée par l'histoire financière des peuples, que, toutes les fois qu'un impôt surcharge d'une manière onéreuse un produit de première nécessité, la réduction de cet impôt augmente la fortune publique, et que, loin de nuire au trésor, elle y fait arriver un produit égal à celui qui résultait de la surcharge.

On pourrait trouver dans l'histoire de notre pays plusieurs exemples à l'appui de ce principe. Ainsi, lorsque Turgot, à son arrivée à la direction des affaires publiques, réduisit de cinquante pour cent le droit sur la marée, le fisc obtint, dès l'année suivante, le même produit qu'avant la réduction, parce que la consommation se trouva doublée.

Une réduction largement opérée de l'impôt sur le sel aurait donc pour résultats, l'amélioration de l'alimentation et de la santé de la classe ouvrière et pauvre, et, par conséquent, une augmentation portionnelle de travail productif ; un accroissement de bien-être pour cette classe si nombreuse, qui pourrait employer, à améliorer son triste sort, les économies que la réduction de l'impôt lui permettrait de faire ; la cessation chez le peuple de la fraude et de la contrebande, ainsi que des mauvais exemples et des mauvaises habitudes qui en résultent; la suppression des motifs qui poussent d'ignobles sophistiqueurs à frelater le sel; l'augmentation du travail pour la fabrication elle-même du sel à laquelle travaillent aujourd'hui environ 17,000 individus seulement et qui pourrait en occuper plus de 100,000 , sans compter le développement que prendraient le commerce et l'industrie voiturière; un débouché pour les petits capitaux dans l'industrie du saunier monopolisée par les grands capitalistes, qui seuls aujourd'hui peuvent faire face aux avances qui résultent nécessairement des règlements actuels sur la fabrication du sel; enfin, pour l'agriculture, l'amélioration de la santé chez tous les bestiaux, une diminution dans les chances de maladie et de mortalité, une multiplication plus assurée, un développement plus prompt, plus complet, un engraissement plus rapide , plus grand et moins coûteux ; ensuite l'amélioration directe des terres et des récoltes ; et finalement, pour la masse entière des consommateurs, la baisse dans les prix de la viande, des laines, des cuirs et autres produits animaux que notre agriculture est aujourd'hui forcée de vendre plus cher et avec moins de profit, et pour lesquels elle ne redouterait bientôt plus la libre concurrence de l'étranger.

Ainsi donc, la réduction de l'impôt sur le sel deviendrait une source de richesses incalculables et progressives pour le pays, en même temps qu'elle serait un bienfait pour la majeure partie de la population.

Mais, comme l'agriculture trouverait dans cette mesure les avantages les plus directs et les plus grands, il est du devoir des Sociétés d'agriculture du royaume, organes naturels des besoins de la classe agricole, de faire tous les efforts possibles pour obtenir cette réduction de la part du gouvernement. Cette mesure est urgente dans l'intérêt de l'humanité et de l'agriculture, qui la demandent et l'attendent depuis si longtemps. Efforçons-nous donc, Messieurs, d'obtenir sa réalisation, en nous adressant à nos conseils généraux, à nos députés, au gouvernement, par des adresses, par des pétitions, enfin, par tous les moyens légaux qui sont à notre portée. Invitons les autres Sociétés d'agriculture à se réunir à nous dans cette conspiration pacifique pour le bien et la richesse de tous. Le gouvernement ne demande, sans doute, qu'à connaître les besoins réels des populations, pour en faciliter la satisfaction ; c'est aux Sociétés d'agriculture à lui faire comprendre ceux de l'industrie et des populations agricoles. En 1820, lors de l'installation de notre Société par le préfet du département, cet administrateur éminent vous disait : « Vous aurez à éclairer le gouvernement sur les ré-
» sultats des impôts qui pèsent sur l'agriculture. » (1) En

____

(1) Le *Bon Cultivateur*, n° 1, p. 24.

attirant l'attention des pouvoirs de l'Etat sur l'impôt du sel, vous ne remplirez donc qu'un devoir trop longtemps négligé. Que la Société centrale d'agriculture de la Meurthe donne au pays l'exemple de cette sollicitude éclairée pour les intérêts agricoles! Demandons la réduction de l'impôt sur le sel, à tous les pouvoirs qui peuvent la réaliser! Demandons-la avec instance et persévérance, puisque cette demande est à la fois juste, utile, et dans l'intérêt du pauvre et de l'humanité! Invitons, par notre exemple, les autres Sociétés d'agriculture du royaume à nous imiter et à nous seconder dans cette louable démarche! Jusqu'à ce jour, les industries qui ont le plus obtenu du pouvoir ne sont pas généralement celles qui avaient le plus de titres pour en obtenir l'assistance, mais celles qui étaient les plus importunes et les plus âpres à demander. Que l'humble agriculture, à son tour, élève la voix pour faire entendre ses justes réclamations, et le Gouvernement, se souvenant alors qu'elle est la source la plus certaine et la plus morale de la prospérité, de la paix et de la sûreté du pays, s'empressera de lui faciliter les moyens d'arriver au développement et aux améliorations dont elle est susceptible et dont elle a si grand besoin!

En conséquence, Messieurs, j'ai l'honneur de vous soumettre le projet suivant:

Article 1ᵉʳ. La Société centrale d'Agriculture de la Meurthe invitera le Conseil général du département à demander au Gouvernement: 1° La réduction progressive de l'impôt sur le sel, de manière que le taux en soit réduit graduellement et à mesure qu'une consommation plus abondante produirait pour le trésor l'équivalent de la somme fournie par l'impôt actuel; 2° que, dans le but de faciliter la réduction de l'impôt sur le sel consommé par l'homme et de propager l'emploi du sel dans l'agriculture, l'Etat fasse livrer immédiatement et au taux de cinq francs d'impôt seulement par quintal métrique, tout le sel destiné aux animaux domestiques et celui qui devra être employé à l'amendement des terres, à la charge pour les cultivateurs, conformément à un principe admis par l'administration, de dénaturer ces sels au moment de l'achat, savoir, le premier par un mélange avec de la poudre de gentiane, ainsi que cela se fait en Belgique, et le second en le mêlant à de la suie, comme on le pratique dans la Grande-Bretagne ; 3° enfin, que, dans le but d'éclairer les cultivateurs sur l'utilité des divers emplois du sel dans leur industrie, et pour arriver plus promptement à compléter les règles de la théorie et de la pratique à cet égard, le gouvernement provoque, de la part des Sociétés d'agriculture, des fermes-modèles et des instituts agricoles, des expériences variées sur l'emploi du sel pour les bestiaux, pour l'amélioration des fourrages et l'amendement des terres, avec injonction de rendre un compte détaillé et raisonné de ces expériences, dont les résultats seraient ensuite publiés aux frais de l'Etat.

Article 2°. La Société centrale d'Agriculture de la Meurthe désignera une Commission chargée de s'aboucher avec les députés du département, pour les prier d'appuyer de leur influence, et au besoin de leur vote, la demande du Conseil général relativement à la réduction de l'impôt sur le sel, et pour répondre aux questions et aux objections que ces députés pourraient faire sur cette question, sous le point de vue de l'industrie agricole.

Article 3°. La Société centrale d'Agriculture de la Meurthe enverra aux diverses Sociétés d'Agriculture des départements de la France une circulaire par laquelle elle appellera l'attention de ces Sociétés sur la question du sel considérée sous

le rapport de l'impôt et des divers services que cette substance peut rendre à l'agriculture, et les invitera à tenter le
mêmes efforts qu'elle-même pour obtenir du Gouvernement
le dégrèvement de l'impôt.

Je laisse, Messieurs, à votre sagesse la discussion, la mo-
dification, l'adoption ou le rejet des articles de ce projet.
Mais je vous supplie, au nom de l'humanité et des intérêts de
l'Agriculture, de faire tous vos efforts pour contribuer à la réduction d'un impôt, qui, dans l'état actuel, constitue, sous
le point de vue de l'humanité, une cruauté indigne de notre
époque et du Gouvernement qui nous dirige, et une ab-
surdité ruineuse sous le point de vue de l'économie politique (1).

---

(1) La Société, dans la Conférence agricole du 22 août 1844, a
adopté les conclusions de ce rapport. La Commission dont il est
question dans l'article 2ᵉ, est composée du Bureau et de MM. *Bra-
connot*, correspondant de l'Institut, *Fawtier*, rapporteur, ancien
chef de l'Institut agricole de Roville, et *Amédée Turck*, Directeur
de l'Institut agricole pratique de Sainte-Geneviève.

(Extrait du Bon Cultivateur.)

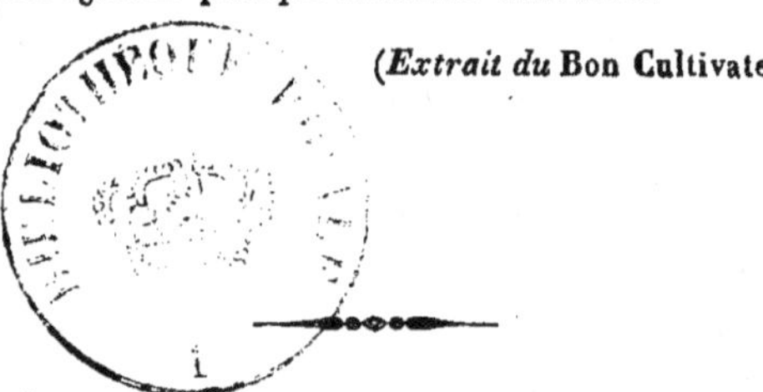

9 782329 288345